超级大课堂

CHAOJI DAKETANG

畅销版

课外阅读系列

航天与人类未来

HANGTIAN YU RENLEI WEILAI

知识达人 编著

成都地图出版社

图书在版编目（CIP）数据

航天与人类未来 / 知识达人编著 . — 成都 : 成都
地图出版社 , 2017.1（2021.7 重印）
（超级大课堂）
ISBN 978-7-5557-0311-2

Ⅰ . ①航… Ⅱ . ①知… Ⅲ . ①航天科技－青少年读物
Ⅳ . ① V1-49

中国版本图书馆 CIP 数据核字 (2016) 第 094285 号

超级大课堂——航天与人类未来

责任编辑：向贵香
封面设计：纸上魔方

出版发行：成都地图出版社
地　　址：成都市龙泉驿区建设路 2 号
邮政编码：610100
电　　话：028 - 84884826（营销部）
传　　真：028 - 84884820

印　　刷：唐山富达印务有限公司
（如发现印装质量问题，影响阅读，请与印刷厂商联系调换）

开　　本：710mm×1000mm　1/16
印　　张：8　　　　　　　字　　数：160 千字
版　　次：2017 年 1 月第 1 版　印　　次：2021 年 7 月第 4 次印刷
书　　号：ISBN 978-7-5557-0311-2
定　　价：38.00 元

版权所有，翻印必究

前　言

　　为什么收音机会发出声音？为什么飞机能在天上飞？为什么火车要在铁轨上前行？为什么照相机能拍照？最酷的科技武器有哪些？最先进的治疗仪器有哪些？航天飞机是怎么到达太空中的？机器人是怎么行动的？生活中有太多孩子们解释不了的为什么，我们的生活被高科技环绕着，高科技渗透到生活的方方面面。本书致力于增强孩子们的科技知识、提高学习科学技术的兴趣，用浅显通俗的语言、幽默风趣的插图，让小朋友们在快乐中轻松获得知识，真正理解高科技。全套图书内容丰富，涵盖面广，涉及航天、电子、军事、天文、医疗、生物等多个知识领域。全书以独特的视角，为孩子营造了一个超级广阔的科技阅读空间。

　　让我们现在就出发，一起到科技的王国探秘吧！

目录

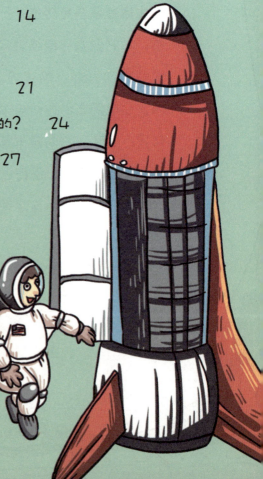

宇宙到底多少岁？

小朋友们，你们知道宇宙的年龄吗？要是不知道的话，现在就让我们一起来了解一下吧！

宇宙——这个神秘的名词，它代表着人类和其他一切生命体生存的最

大空间。我们生活的地球，只是其中一个很小的部分。为了研究这个世界究竟是怎么来的，我们的祖先曾经多次对宇宙的源头进行猜测和探索，许多科学家也投入到这项科研当中。随着科学技术的迅速发展，这个问题渐渐有了头绪。

目前关于宇宙之始的最合理推测是著名的"大爆炸"理论。小朋友们，你们知道什么叫作"大爆炸"理论吗？

在很久很久以前，宇宙只是一个很小很小的颗粒。大家可不要小看这个颗粒，它可是宇宙的最初模型呢！这个颗粒不断地膨胀，后来它越来越大，在经过不知道多长时间以后，终于形成了现在的宇宙。小朋友们，可千万别以为宇宙的膨胀已经结束了，现在它还在膨胀！也就是说，我们的宇宙还在不断地扩大。人们为了形象地概括这个理论，就把宇宙膨胀的过程称之为"大爆炸"，这就是"大爆炸"理论的由来了。

　　小朋友们，你们知道宇宙膨胀多少年了吗？经过科学家们的推算，宇宙到今天为止已经膨胀了137.5亿年。在这漫长的137.5亿年中，宇宙不仅在膨胀，还形成了很多物质。宇宙在膨胀过程中还产生了行星，如我们所在的地球就是其中之一，许许多多的行星在一起就形成了星系，我们的银河系就是在这种情况下诞生的。

　　小朋友们，我们知道人是会衰老的，当你们了解了宇宙的年龄以后，想不想了解宇宙是否会衰老呢？

　　目前，科学家对于这个问题还只能提出猜想，在所有猜想中最可信的是：宇宙会一直膨胀到它所能达到的极限，到了极限后，宇宙会渐渐收缩，直到再次收缩成一点！

你知道吗?

银河系有多大

许许多多的行星在一起就形成了巨大的星系。我们所在的星系叫太阳系，然而它不过是银河系的组成部分之一。银河系的厚度达到1.2万光年，宽度达到8万光年，拥有一千多颗恒星。

宇宙岛

科学家们估计，宇宙中除了银河系外还有1000亿个以上的星系。这些星系如同大海中密布的岛屿，因而被称为"宇宙岛"。

"九大行星"怎么少了一颗？

　　小朋友们，你们一定听说过"九大行星"吧！可你们知道吗，"九大行星"已经变成"八大行星"了！这是为什么呢？现在就让我们一起来了解一下吧！

　　太阳系曾经的"九大行星"是指：水星、金星、地球、火星、木星、土星、天王星、海王星和冥王星，它们一直围绕着太阳运转。

冥王

　　在很久很久以前，我们的祖先就发现了这些行星。水星是公元前3000年被发现的，它是离太阳最近的行星。小朋友们可千万别以为水星就是由水组成的，其实水星上是没有液态水的。其次是金星，它是类地行星，质量与地球类似，所以被人们称为地球的"姐妹星"。我们生活的地球也属于"八大行星"之一，是"八大行星"中唯一拥有液态水的行星。它拥有相对于其他行星而言更适合生命出现和繁衍的环境，这也是人类能在地球上生存的原因。火星在与太阳的距离上排行老四，它的表面鲜红如火，因而被称为"火星"。太阳系中最高的山——奥林帕斯山就在火星上。木星的质量为整个太阳系其它七大行星质量总和的2.5倍，是地球的318倍。土星是个美丽的星球，它的体积仅次于木星。土星的周围有美丽的光环，人们曾一度以为土星是唯一拥有光环的星球，但是这一观点后来被推翻了，因为人们后来发现天王星的周围也有光环。天王星是太阳向外的第七颗行星，也是第一颗人类用望远镜发现的行星。太阳向外的第八颗行星是海王星，它是神秘的蓝色星体，目前只有一艘飞船成功造访过海王星，它是"八大行星"中人类了解最少的一颗。据科学家推断，随着未来科技的发展，火星和水星将是"八大行星"中地球以外最有可能实现人类居住的星球。

刚刚我们已经提到除冥王星以外的八大行星，接下来，就让我们认识一下冥王星吧！

冥王星，曾是太阳系中距离太阳最远的行星，它仿佛被太阳所遗弃。2006年8月24日，国际天文联合会上，冥王星被排除出了"九大行星"。冥王星被排除出的主要原因是美国科学家在当年发现它时错误估计了它的质量，将它并入了"九大行星"之列。后来科学家发现，原来冥王星的质量比月球还小，算不上是大行星。在冥王星的周围还有很多比它大的天体，如果把冥王星纳入"九大行星"，那么那些周围天体都将有被纳入"九大行星"的资格。所以，经科学家们研究讨论，冥王星被"踢"出了"九大行星"之列。

小朋友们，现在你们知道为什么"九大行星"少了一颗了吧。

火箭怎样把卫星推上天的呢?

小朋友们，你们见过送卫星上天的运载火箭吗？你知道火箭是怎样把卫星送上太空的吗？

运载火箭是由多级火箭组成的航天运输工具。它的用途是把载人飞船、人造地球卫星、空间站、空间探测器等送入预定轨道。火箭是通过后方热气流的喷发来产生反作用力，

并利用反作用力向前推动的，属于一种高端推进装置。现代火箭不仅是远距离运输工具，还可以用作现代化战斗武器。

运载火箭技术是第二次世界大战以后才逐渐发展的。根据不同的需要，运载火箭的构成也有所不同。通常情况下运载火箭是由2到4个不同级别的火箭组成，每个级别的火箭都拥有独立的控制系统。不过最后一级火箭和前几个级别的火箭不同，最后一级火箭的系统相对复杂，较之前几个级别的火箭多了遥测系统和发射场安全系统。

火箭按照作用的不同也可以分为两大类：一类是航天飞行用的，叫作航天火箭；另一类是战争时用的火箭，也就是我们平时所说的导弹。

苏联是第一个成功发射运载卫星火箭的国家，在二战后将导弹改装成卫星运载火箭并成功发射。到 20世纪80年代，航天技术突飞猛进，苏联、美国、法国、英国、中国、日本、印度和欧洲空间局共研制出了20多种不同运载能力的火箭。在这些运载火箭中，小的有仅重10.2吨的，大的有达到2900多吨的，其中就有著名的"大力神号"运载火箭、"土星号"运载火箭、"德尔塔号"运载火箭、"东方号"运载火箭、"宇宙号"运载火箭和我国研发的"长征号"运载火箭等。

　　我国在运载火箭的研究上也有重大的突破。我国独立制造的"长征"系列运载火箭，拥有12种不同型号，可用于发射不同大小的卫星。"长征"系列运载火箭的最大运载能力可达9.2吨，可以满足不同用户的需求。1985年，中国开始将"长征"系列运载火箭投入国际商业市场。时至今日，已经有27颗外国卫星被我国的"长征"系列运载火箭成功送入外太空，这标志着我国航天技术趋于成熟。

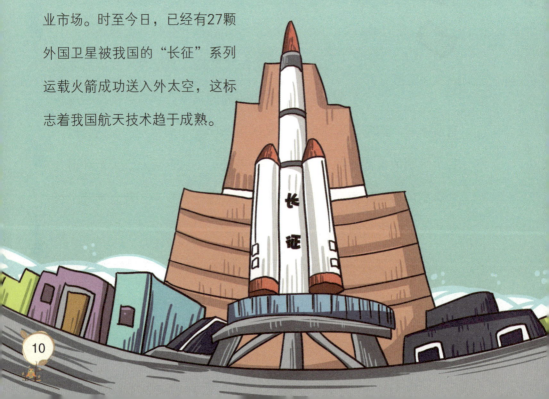

你知道吗？

火箭的故乡

中国是世界公认的火箭故乡，因为在我国三国时期，魏国第一次射出装有火把的箭，火箭因此而得名。宋代人们开始将火药绑在箭上，借助火药点燃后的推力推动箭飞出，这是现代火箭的雏形。

西部航天和导弹实验中心

在美国西部洛杉矶北面的西海岸，有美国最重要的军用航天发射基地。美国在这里发射了大量军用卫星和极地卫星，目前航天发射次数位居世界之首。

火箭为什么能在太空中飞行?

要解释火箭为什么能在太空中飞行这个问题,首先要从作用力与反作用力说起。有这样一种观点:物体之间的相互作用会导致力的产生。这一观点最早是由英国科学家牛顿提出的。比如我们把篮球拍到地面上,篮球就会对地面产生力,而这个力,就是篮球带给地面的力,也就是我们所说的作用力。或许有的小朋友要问篮球为什么能够弹起来,其实这就是反作用力在作怪。物体与物体之间的作用是相对的,一旦篮球对地面产生

作用力，那么地面就会还给篮球一个反作用力。这样一来，篮球就弹起来了。火箭飞行的原理也是一样的。

火箭点火后燃料剧烈燃烧，对地面喷射气体，这股气体在火箭的作用点上产生一个反作用力，这股反作用力会让火箭逐渐升高。但火箭并不是一直向后方喷射气体的，当冲出大气层进入太空，火箭不再受到重力的束缚，无须继续喷射气体以获得反作用力，而是利用惯性来做匀速运动，这样也可以节省大量能源。只有在太空中需要转变方向时，火箭才会又喷射气体。

有小朋友可能会问，火箭是如何在太空中改变方向的呢？其实很简单，火箭只需要改变喷出气体的方向就可以了。当火箭需要去不同的方向时，它就会向不同方向喷出气体，气体对火箭产生的反作用力的方向自然会跟着改变。这样一来，火箭就可以在空中实现转向了。

人类什么时候登上月球的？

小朋友，当你仰望浩瀚的星空时，有没有梦想过亲身去太空中看一看神秘的月球？

其实，我们的祖先早就有登月的想法。望远镜制造出来之后，人们可以通过望远镜更清楚地观测星空，人们登月的想法就更加坚定了。可惜的是，由于当时的科学技术条件不成熟，登月的梦想并没有实现。直到1960年，人类将猫狗等小动物送上太空的实验获得

成功，这次实验的成功为人
类登上月球奠定了基础。

为了确保人员的安全，人们后来又多次尝试无人航天实验，科学
家们观察失重环境和宇宙辐射对生物的影响，以确保航天飞船结构的
无误。在一系列研究完成后，科学家们又测试了飞船的返回技术。小
朋友们，飞船的返回技术也是非常重要的，不仅要把飞船发射到太空
中，还要能够安全地返回，这才是航天技术真正的成功。经过科学家
们长期的努力，人类的航天技术终于有了新突破。

载人飞船属于载人航天器的一种，又叫宇宙飞船，它的任务是保
障宇航员在太空中的工作和生活，并在航天结束后将宇航员安全地送
回地面。

载人飞船的用途很广，它不仅可以将宇航员送往空间站，而且自

身也可以在浩瀚的太空中自由飞行，还可以实现与其他航天器甚至空间站的对接。

1957年，苏联尝试发射了第一颗人造卫星，之后苏联又多次发射卫星并开始研究航天回收技术。随着技术逐渐成熟，苏联开始尝试发射载人飞船，通过载人飞船将宇航员送入地球轨道，飞船载宇航员绕地球飞行一圈后将飞船收回。可惜的是苏联虽然完成了载人航天，却没有完成载人登月。直到1961年5月25日，美国提出了著名的"阿波罗计划"——10年内将人类送上月球并安全返回。

直到今天，"阿波罗计划"仍是美国国家航空航天局执行的最庞大的月球探测计划。历经10年的研究和大量的尝试后，阿波罗11号终于登月成功，将宇航员阿姆斯特朗和另外两个年轻宇航员送上月球。"阿波罗计划"为人类开发月球创造了条件。

"阿波罗"登月之谜

小朋友们，你们知道吗，在古希腊神话中，有一位伟大的神灵——阿波罗，他是宇宙主神宙斯的儿子，是掌管着文艺的神，也是古希腊神话中著名的美男子之一。在古希腊语中，"阿波罗"这个单词的意思就是"光明"和"光辉灿烂"。

美国开展的大型登月计划就是以伟大的阿波罗神的名字来命名的——这就是著名的"阿波罗"登月计划！

"阿波罗"登月计划又被称为"姐弟相会计划"。这是因为阿波罗神有一位姐姐，她是古希腊神话中的月神，而这次"阿波罗登月"就是为了让他们姐弟相会。

为了完成这次计划，美国花费了10年的时间，耗资达到250亿美元，聘请了1200名科学家、工程师等进行研究。科学家们专门制造了推力强大的"土星5号"火箭——叫这个名字是因为"土星"在古希腊语中就是农神的意思，农神也是古希腊神话中一位伟大的神灵。

　　在大家的努力下，美国在"阿波罗计划"中6次将12名宇航员送上了月球。为了保障人员的安全，美国在这10年中先后发射了"阿波罗1号"到"阿波罗10号"10艘实验飞船，而载人飞行是从"阿波罗7号"开始的。

　　1969年7月16日，在肯尼迪空间中心的发射场上，巨大的"土星5号"矗立在发射架上，"阿波罗11号"在火箭的尖端傲然挺立。随着指挥员的倒计时——3、2、1，发射！震耳欲聋的轰鸣声传来，"阿

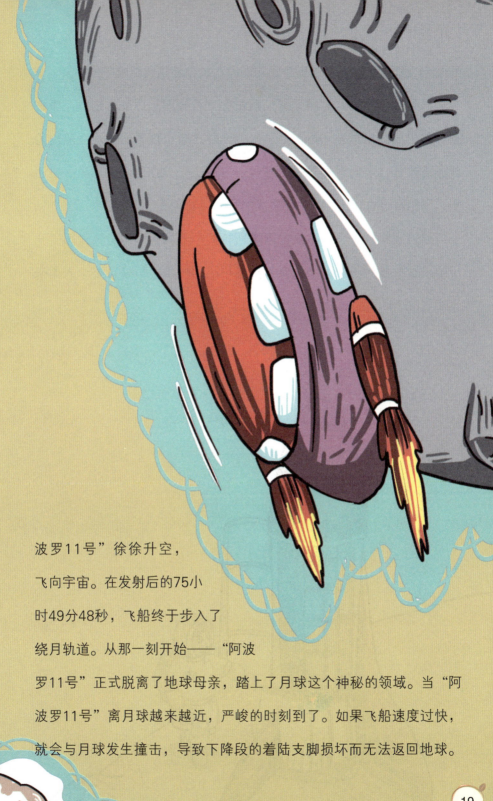

波罗11号"徐徐升空，
飞向宇宙。在发射后的75小
时49分48秒，飞船终于步入了
绕月轨道。从那一刻开始——"阿波
罗11号"正式脱离了地球母亲，踏上了月球这个神秘的领域。当"阿
波罗11号"离月球越来越近，严峻的时刻到了。如果飞船速度过快，
就会与月球发生撞击，导致下降段的着陆支脚损坏而无法返回地球。

而就在"阿波罗11号"逼近月球表面时，故障警报突然响了！

出现了什么问题？科学家们急忙去查找原因。后来才知道，原来是计算机因负担过重"罢工"了，并不是飞船出现了问题。飞船离月球越来越近，人们也都屏住了呼吸——300米、200米、100米……终于，飞船着陆的灯亮了，"阿波罗11号"成功登上了月球！

舱门缓缓打开了，宇航员阿姆斯特朗小心翼翼地向舱外跨出了一小步。这一步对于个人来说只不过是小小的一步，可是对整个人类来说却是一个巨大的飞跃！

谁是第一个
登上月球的人？

小朋友，看了前面的内容你们知道第一个登上月球的人是谁了吗？是的，他就是美国宇航员阿姆斯特朗。

阿姆斯特朗出生于美国俄亥俄州瓦帕科内达市，他从小的梦想就是做一名飞行员。为了实现这个梦想，他14岁就开始参加飞行训练。通过不懈的努力，在16岁生日那天，阿姆斯特朗终于拥有了自己的飞

行执照，并在3年后成为最年轻的海军飞行员！后来阿姆斯特朗到了印第安纳州，并在那里的西拉斐特市的珀杜大学学习航空工程专业。1955年，阿姆斯特朗加入了美国太空总署，成为一名高速飞机的试飞员。1962年，阿姆斯特朗决定投身航天事业，成为世界上第一位非军职宇航员。

1969年7月16日，阿姆斯特朗接受了人类历史上首个登月任务。他和另外两位宇航员（奥尔德林和柯林斯）一起乘坐"阿波罗11号"宇宙飞船飞向了月球，他是"阿波罗11号"的指挥官。经过4天的太空之旅后，7月20日，阿姆斯特朗操纵"飞鹰号"登月舱着陆月球。上午10点的时候，令人激动的时刻到了，阿姆斯特朗和奥尔德林离开登月舱，踏上了月球的地面。阿姆斯特朗比奥尔德林率先一步着地，他成

为第一个踏上月球的地球人。在踏上月球的地面后，阿姆斯特朗激动地说："这是个人迈出的一小步，但却是人类迈出的一大步。"他们在月球上度过了21个小时，之后"阿波罗11号"成功地将这三名年轻的宇航员送回了地球。

直到现在，还有很多媒体采访阿姆斯特朗登月时的想法。阿姆斯特朗在回忆"阿波罗"登月时说："我认为只有百分之五十的可能会成功，很惊讶我们真的做到了，我非常高兴，也非常激动。"为纪念他的成就，人们把距离他登陆地点最近的一座月球环形山命名为"阿姆斯特朗"。而对阿姆斯特朗来说，没有什么比得上他钟爱的航空航天事业，垂暮之年的阿姆斯特朗还经常驾驶滑翔机过把飞行瘾！

宇航员们眼中的月球是怎样的？

　　小朋友们，我们用肉眼看到的月亮就像是一个圆盘，那你们想知道宇航员们看到的月球是什么样子吗？现在就让我们一起来了解一下吧！

　　到目前为止，月球可以说是人类除地球外了解最多的星球，因为月球是人类除地球外唯一亲身登上过的星球。据科学家计算，月球到今天已经有46亿岁了。在月球上分布着环形山、月海、月陆、月谷等不同的地形。环形山，顾名思义，形成环状的地面凸起部分，它是月球表面的最显著特征。其次就是月海，很久以前人们就把月球表面的阴暗区称为"月海"，

因为用肉眼看这些区域颜色显得比月球上的其他部分偏暗一些，类似于深蓝的海洋，所以"月海"这一词从古代一直保留到了现代。月陆和月海是相对的，人们把高出月海的，颜色相对明亮的区域称为"月陆"。月谷也是较为常见的月球表面地形之一，它和地球上裂谷的形状差不多。月谷可以一直延伸到数百千米，宽度达到几十千米。小一点儿的月谷由于形状细长，被称为"月溪"。

对月球了解了这么多，再让我们通过宇航员的眼睛来观察一下月球吧！

1969年7月20日，阿姆斯特朗和奥尔德林登上月球。阿姆斯特朗曾表示："月亮上每一块石头都很美，轮廓分明，样子好像美国的甜点！"他抓取了一些月球的土壤放入宇航服的口袋中，回到地球后经过科学家称量，发现他们带回了46磅（近21千克）土壤和岩石。

他们还表示，月球的表面有些微微的不对称，靠近地球的一方相对较厚，这也许是受了地球引力的影响。据美国政府表示，阿姆斯特朗在月球上并没有发现生命迹象。可是有不少人怀疑美国政府隐瞒了真实消息，因为在多年以后，据阿姆斯特朗本人透露，他在返回太空舱时，感觉到自己一直被生命物体盯着，这种感觉一直到他进入太空舱内才逐渐消失。月球上到底有没有生命物体也成为科学家们倍加争议的问题，直到今天，这个问题依然没有准确的答案。

小朋友们，科学技术发展如此之快，说不定你们以后也有机会登上月球。大家努力学习科学文化知识，长大后为祖国的太空计划贡献自己的力量吧！

怎样开发月球矿产资源？

小朋友们，你们知道吗，月球上也有许多矿产资源，目前科学家们正准备开发这些资源。

由于人口的不断增多，导致资源的过度开发和破坏，地球的资源在不久后就会出现供不应求的局面。因此，科学家们不得不考虑开发其他星球的资源，而月球就是现阶段最好的选择。

相对地球而言，月球的环境是十分恶劣的，比如没有空气、昼夜温差很大等，都将会对月球资源的开发带来不利的

影响。但是月球也有它的优势：在地球上，开采大量的矿石是很费力的事情，但是在月球上就不同了，月球的引力只是地球的六分之一，因此在月球上开采矿石可以节省大量的劳动力，而且月球不像地球一样有密集的建筑物，所以在地球的天文台上用特殊的仪器就可以大致探测到月球上矿石资源的位置。另外，月球和太阳的距离比地球和太阳的距离近，所以月球上太阳能资源丰富，在月球上采矿时可以利用太阳能资源进行开采。

同时，在对月球的开发计划中科学家们也提出过不少问题，毕竟人类对月球的了解还是有限的。比如，宇航员们虽然可以在月球上短期居住，但是如果长期居住，可能会不适应，找不到归属感，从而带来一些负面的心理影响。希望

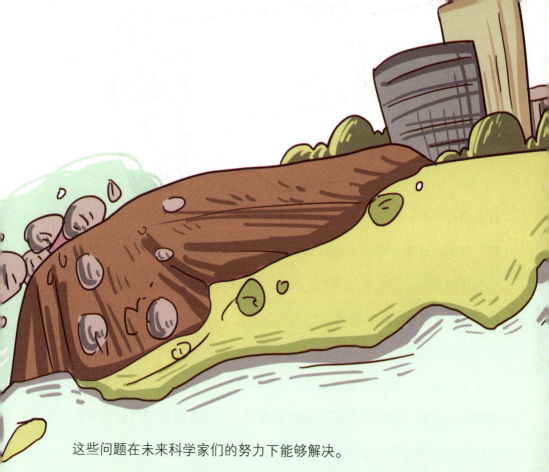

这些问题在未来科学家们的努力下能够解决。

　　美国是第一个考虑建设月球基地的国家，计划投资超过1000亿美元建设一个永久性的月球基地。这个月球基地将在未来的几年里不断扩大，逐渐形成一个月球城。月球城一旦完成，人类将可以长期在月球居住，这也将在很大程度上便于对月球矿产的开采。更值得一提的是，月球城和普通的月球基地不同，它将建设得和地球上的城市一样，里面有学校、医院和电影院等，真正实现人类向月球移民。虽然目前这还只是一个理想，但是随着科学技术的发展，人类移居月球的梦想终有一天会实现。

　　在月球上开采矿物就避免不了把矿物运输到地球上的问题，小

朋友们有没有这样的疑惑：矿物重量那么大，运送到地球岂不是很麻烦？其实，这是不必担心的，因为太空中只有微引力，也就是说引力小到几乎没有，所以矿物在航天器上几乎没有重量，这就方便了科学家们对矿物运输问题的研究。

1994年1月25日，美国对月探测取得了重大突破，这次探测带来了一个好消息：月球上有冰存在。1998年1月6日，为验证这一发现，美国再次对月球进行大规模的搜索和探测，推测在月球的两极拥有超过60亿吨的冰存在，甚至可能有冰湖。这一重大发现，为建立月球基地提供了重要条件。

小朋友们，或许在不久的将来，你们在月球上就会有一个家了！

火星上有生命吗？

　　小朋友们，对于"八大行星"之一的火星，你们了解多少呢？

　　火星的体积比地球要小，直径是地球的一半。由于火星的地表含有大量的赤铁矿，火星看上去就像一个橘红色的大火球，因而我们称之为"火星"。

　　小朋友们，你们知道我们的祖先把火星称为什么吗？他们因为看到火星的表面荧荧如火，位置、亮度经常变化，就把它称为"荧惑"。

目前在火星上人们还没有发现液态水，这也是地球生物无法在火星生存的重要原因之一。没有水的存在，整个火星就如同一个浩瀚无垠的大沙漠一般，地表都布满了沙丘和砾石。据卫星观测表明，火星年年都会发生沙尘暴。火星的地质活动并不如地球活跃，在远古时期火星的地表就已经形成了，形成之后变动很小，几乎一直保持到现在。除了沙丘和砾石，火星的表面还布满了火山、峡谷和陨石坑。

太阳系最高的山和最大的峡谷都出现在火星，分别是奥林帕斯山和水手号峡谷。奥林帕斯山的高度可达27000米，相当于3个珠穆朗玛峰的高度。它是一座超巨型火山，火山口直径达80千米，深3千米，而且底部容积巨大。水手号峡谷的长度达到4000千米，有7千米深，整个峡谷内部形态相当复杂。在水手号峡谷的最末端，分布着很多奇怪的岛屿，这些岛屿的形状很像人的泪珠，据推测可能是流水侵蚀造成的。

火星现在虽然没有液态水，但它南北的顶端却分布着大量的冰，这些冰的体积相当巨大，一旦融化可以淹没整个星球。这让科学家们不得不猜测，火星或许曾经拥有大量的液态水，甚至可能发过巨大的洪水。如果这一猜测被证实，那么火星就极有可能曾经有生命存在。更有意义的一次发现是临近火星的卫星拍摄到了一张图片，上面显示火星上拥有一个巨大的火山湖，这个火山湖的湖口达到65千米宽。科学家们又用人造卫星对这个火山湖的地表进行了探测和研究，发现地表上明显有流水的痕迹。对于这个火山湖干涸的原因，科学家们推断是这个位置曾经遭受多次陨石撞击，撞击后产生的大量碎片将火山湖覆盖。科学家们还猜测，40亿年前的火星曾是一个地理环境极类似地球的星球，上面曾经分布着大量的河流、湖泊和海洋。

27000m

近年来，科学家们对火星上究竟有没有生命体进行了大量探索。美国科学家们在火星上发现了7个神秘的洞穴，这些洞穴宽100米到252米，深度达到100米以上。据推测，这些洞穴中极有可能曾存在生命体，甚至现在这些生命体仍可能在其中生存！

小朋友们，如果科学家们对火星上曾存在生命体的猜测被证实，那么，我们很有可能在不久的将来就可以去火星上居住了！

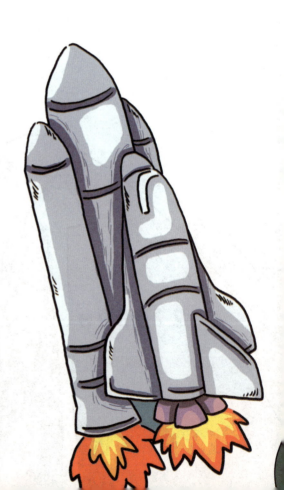

水星上有水吗?

　　小朋友们,你们知道吗,除火星外还有一个类似地球的行星,那就是水星。对于水星,你们了解多少呢?

　　水星主要由石质和铁质构成,它的密度很高。它是太阳系中所有行星中运动最快的一个,同时也是离太阳最近的行星。探测研究结果表明,水星的地表和月球地表十分相似,同样拥有环形山和辐射纹。但由于行星所处角度问题,在地球上很难用肉眼看到水星。

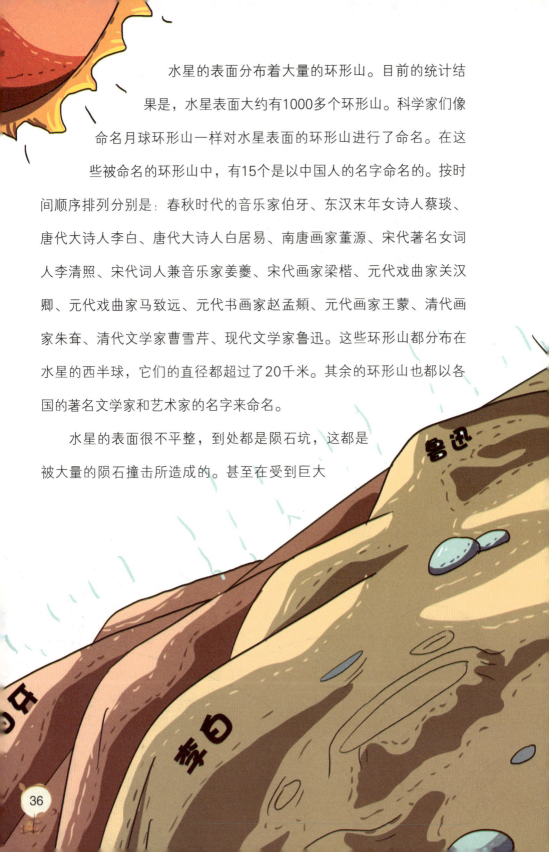

水星的表面分布着大量的环形山。目前的统计结果是，水星表面大约有1000多个环形山。科学家们像命名月球环形山一样对水星表面的环形山进行了命名。在这些被命名的环形山中，有15个是以中国人的名字命名的。按时间顺序排列分别是：春秋时代的音乐家伯牙、东汉末年女诗人蔡琰、唐代大诗人李白、唐代大诗人白居易、南唐画家董源、宋代著名女词人李清照、宋代词人兼音乐家姜夔、宋代画家梁楷、元代戏曲家关汉卿、元代戏曲家马致远、元代书画家赵孟頫、元代画家王蒙、清代画家朱耷、清代文学家曹雪芹、现代文学家鲁迅。这些环形山都分布在水星的西半球，它们的直径都超过了20千米。其余的环形山也都以各国的著名文学家和艺术家的名字来命名。

水星的表面很不平整，到处都是陨石坑，这都是被大量的陨石撞击所造成的。甚至在受到巨大

400°C

撞击后，水星的表面逐渐形成盆地，而盆地的周围则是平坦的平原。

小朋友们可能都有这样一个疑问：水星的名字由何而来？难道是因为水星上有大量的液态水吗？

目前在水星上是没有发现液态水的。首先，水星离太阳距离最近，朝向太阳的那一面温度高达400摄氏度，在这种高温下，连金属都会熔化，水必然会很快变为水蒸气。同时水星在"八大行星"中又是最小的一颗，它的引力也很小，无法吸引这些水蒸气，所以这些水蒸气最终会飞散到宇宙中。其次，水星背向太阳的一面由于长期见不到阳光，温度很低，在零下173摄氏度以下，水一旦出现就会在短时间内结冰，所以这一面也不会有液态水。

那么水星上就没有存在水的可能了？科学家们曾经在水星上探测到一些坑洞，这些坑洞都有冰存在的证据。也就是说在很久很久以前，水星上或许曾经有液态水存在。如果这个猜想被证实，那么水星上也可能曾经存在着生命。

如果人类未来去水星居住，南北极的环形山就成为最佳选择。一个重要原因就是两极的温度很稳定，基本保持在零下200摄氏度。虽然这种温度下人类无法生存，但是随着科学技术的发展，科学家们可以通过加热的手段将这一区域的温度改造成适合人类生存的温度。另一重要原因是，由于水星离太阳太近，人类在普通范围内生存会很危险，但两极地区不会受到太阳的直接照射，常年处于阴暗之中，相对安全。

小朋友们，现在你们对水星有没有新的认识呢？

土星真的有美丽光环吗？

小朋友们，你们知道土星的周围环绕着美丽的光环吗？你们知道这层光环是怎么出现的吗？就让我们一起去研究一下吧！

土星和木星一样，是太阳系中的巨行星，它的体积仅次于木星，有740个地球那么大。由于人们用肉眼观测时，这个星球呈黄色，所以被命名为土星。

土星的运动是很迟缓的，人们曾一度认为土星是距离太阳最远的行星。

土星被西方人看成是掌握时间与命运的象征。

它还被人们看成是农业的象征，这就是土星在天文学中的符号是一把大镰刀的原因。别看土星的体积很大，其实它的密度很小。科学家们做了一个假设：如果有个超级巨大的水池能够容纳土星，那我们就会发现土星被放入水池后会慢慢浮出水面。

最早观测到土星光环是在1610年，意大利天文学家伽利略用自制的天文望远镜观察土星时，发现这个星球的周围有奇怪的环绕物。曾一度有人认为这种奇怪的环绕物连接着土星，直到1659年，荷兰科学家惠更斯确认了这种环绕物并不属于土星本体，而是本体附近的光环。由于科学技术的限制，那个时候的科学家都无法确定这层光环究竟是什么。200年后，英国科学家麦克斯韦通过物理学理论论证出这层光环是由无数个小卫星绕土星旋转组成的，但那时航天科技并未发展，人类无法真正观测并证实这一理论。

　　1973年4月，科学家发射了"先驱者11号"上天，它成为第一个近距离探测土星的人造天体。探测器对土星进行了近距离摄像，当图片传回地面时，科学家们非常震惊，因为土星的光环居然是由大量的石头和冰块组成。其中体积小的石头和冰块只有几厘米，大的达到1米甚至更大。这些石头和冰块围绕着土星的表面，在赤道附近聚积并且高速旋转，形成了我们远距离所看到的"光环"。

　　这些环绕物虽然都围绕着土星在转动，但是它们的运动轨迹有一定的区别，比如有些呈普通的环状围绕土星转动，有些则呈锯齿状围绕土星转动。更有趣的是，从理论上来说，在土星光环中转动的物体距离土星越远，运动一圈的距离就应当越长，所需要的速度也应当越快，可是事实上并不是这样的。无论是土星光环最内侧的物体，还是围绕在最外侧的物体，它们在做环绕运动时所用的速度竟然是相同的。这一发现在科学界引起了轰动，因为这种运动完全违背物理学规

律，目前的科学理论完全不能对其进行解释。这些组成光环的环绕物体究竟是按照什么样的规律来运动的？以后的研究结果会不会推翻现在的物理学理论？这些问题到今天还不得而知。

小朋友们可能会问，围绕在土星周围的这些石头和冰块是如何产生的呢？

科学家们通过人造天体发现，土星周围的卫星上充满了大量的陨石坑，这说明这些卫星曾经多次受到陨石的撞击。据推断，土星光环中大量的石头就是撞击产生的碎石。至于土星光环中的冰块是如何产生的，目前尚在研究中。或许在不久的将来，随着科学技术的发展，科学家们就可以解开土星光环的秘密。

什么是"土星冲日"？

小朋友们，你们听说过"土星冲日"现象吗？

在2012年4月16日晚上，就发生了"土星冲日"的现象。然而由于角度问题，当时这一现象只能在哈尔滨才可以看见。

你们可能会问，什么是"土星冲日"现象呢？

在一段特殊的时间里，地球、土星和太阳会排列成一条直线，天

文学上把这一现象命名为"土星冲日"。冲日前后，土星和地球的距离将达到最近，土星会显得非常明亮，我们可以看到它美丽的光环。

"土星冲日"要378天才出现一次，这一现象发生时，就是观测土星的最好时机。因为"土星冲日"时，地球所处的位置正好夹在太阳和土星之间，太阳光会直射到土星表面，土星在这时候会变得璀璨夺目，在地球上可以看得清清楚楚。聪明的小朋友们要问了，地球不是夹在土星和太阳之间吗，太阳光如何能到达土星呢？不是应该被地球遮挡住了吗？其实地球是阻碍不了太阳光照射到土星的。因为土星的体积十分巨大，相当于地球的740倍。而太阳的体积更大，是地球的130万倍。所以相对于它们来说，地球实在是太渺小了，小小的地球是阻碍不了太阳光照射到土星上的。

"土星冲日"期间，土星会一直出现在天空的东南方向。小朋友们，在这一时间段里我们只要往双子座的方向看，就可以很容易地找

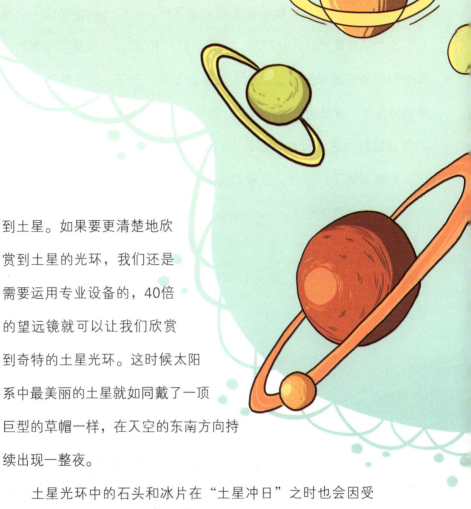

到土星。如果要更清楚地欣赏到土星的光环，我们还是需要运用专业设备的，40倍的望远镜就可以让我们欣赏到奇特的土星光环。这时候太阳系中最美丽的土星就如同戴了一顶巨型的草帽一样，在入空的东南方向持续出现一整夜。

土星光环中的石头和冰片在"土星冲日"之时也会因受到太阳光的照射发出璀璨的亮光，此时飞快旋转的光环就如同一个美丽的指环，所以土星又被誉为"八大行星"中的"指环王"。2009年3月8日，在我国的江苏和天津就有不少人看到了"土星冲日"的现象，当地居民表示，用肉眼即可看到拥有"指环王"之称的美丽的土星。

小朋友们可能还不知道，土星的光环有时候会"消失"！这是为什么呢？

土星的光环和土星轨道面并非完全平行，它们之间会形成一个倾角，这个倾角最大时达到27度，而最小时只有0度。形成最小倾角时，即使利用最好的天文望远镜也难以看到土星的光环。因此并不是光环真的消失了，只是由于倾角问题，光环变成一条细细的线。1995年5月21日就出现过这一现象，那天人们惊奇地发现——"指环王"的"指环"突然消失了！不过，这种奇特现象比"土星冲日"还要难得，平均每15年才会发生一次。

　　小朋友们，"土星冲日"上一次出现是在2015年的5月23日，按照378天出现一次的规律，那么下一次的"土星冲日"会在哪一天呢？小朋友们，你们能计算出来吗？

什么卫星可以导航？

小朋友，你们见过指南针吗？它是我国古代的四大发明之一，不仅为我国古代人民远涉重洋提供了重要的帮助，还为世界的文明发展作出了极大的贡献。

指南针的指针永远指向南方，因此指南针成了人类重要的导航工具。后来人们根据指南针的原理做出叫罗盘的导航仪器。罗盘刻度的零度与航向标线之间的夹角叫作航向角，人们可以根据航向角来判断方向。所以只要拥有罗盘，即使在茫茫大海中航行也不会迷失方向。

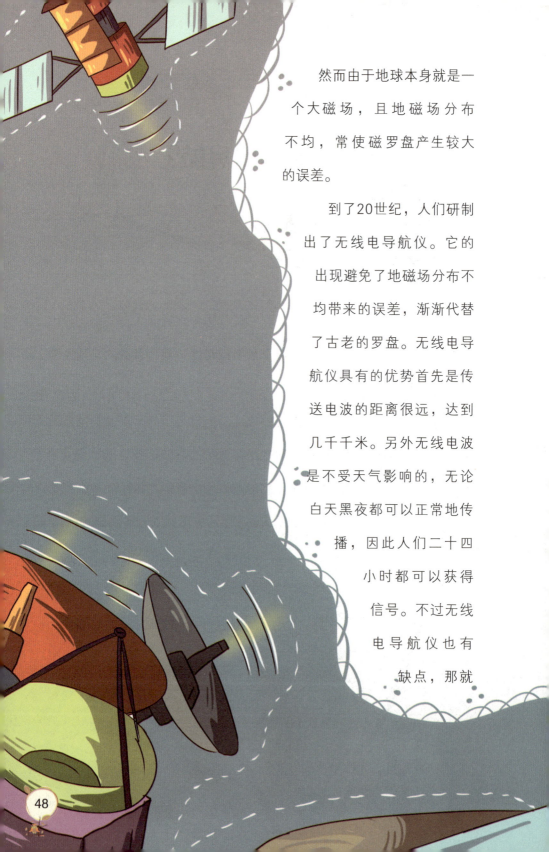

然而由于地球本身就是一个大磁场，且地磁场分布不均，常使磁罗盘产生较大的误差。

到了20世纪，人们研制出了无线电导航仪。它的出现避免了地磁场分布不均带来的误差，渐渐代替了古老的罗盘。无线电导航仪具有的优势首先是传送电波的距离很远，达到几千千米。另外无线电波是不受天气影响的，无论白天黑夜都可以正常地传播，因此人们二十四小时都可以获得信号。不过无线电导航仪也有缺点，那就是无线电波在空气中传播时，会受电离层的折射和地球表面的反射干扰，造成一定的误差，传播距离越长，所受影响就越大。而随着航海技术的逐渐发展，人类已经开始频繁地长距离航海，需要在几千米外用无线电导航仪进行无线传播，此时无线电导航仪的精度就显得不够理想，因此人们开始使用卫星。1958年，美国在跟踪第一颗人造卫星时，无意中发现在接收卫星信号时会引起一个效应——多普勒效应。当卫星离地面越来越近，信号频率变得越来越高；而当卫星远离，信号频率就开始下降。科学家们想，为什么不利用卫星来进行导航呢？于是科学家们展开研究，从而为人类卫星定位导航技术奠定了基础。

卫星定位导航的原理很简单，就是地面物体经无线电信号传播和接收来确定与卫星之间的距离，通过距离的变化分析所处地面或空间中的位置，从而判断航向。

导航卫星就是指为地面、海洋等方位的航行单位提供导航信号的人造卫星。在进行导航时，导航卫星会多次发射导航信号，通过用户对导航信号

的接收来分析、判断和计算，从而定位出用户的具体地理位置，包括用户的坐标和速度。多颗导航卫星可以形成导航卫星网，导航卫星网有很强的覆盖能力，足以覆盖全球，从而实现全球的卫星导航。

目前越来越多的国家采用了卫星导航。它的精准度远远超过了罗盘，目前误差已缩小到几十米。而且卫星导航采用自动化系统，不需人为控制，也不需要地图，就可以读出具体坐标的经纬度。它还可以不分白天黑夜，无论天气好坏地为用户提供导航信息，真正实现24小时完全导航。卫星导航在我们的生活中运用广泛，小朋友们家里的轿车或许就安装了GPS全球定位导航系统呢！

你知道吗?

世界四大卫星导航系统

世界四大卫星导航系统分别是美国的全球定位系统、俄罗斯的全球导航卫星系统、欧洲航天局的伽利略卫星定位系统和中国的北斗导航卫星定位系统。

隐形牙套材料的最初用途

隐形牙套因比金属丝要美观很多,很受人们欢迎。隐形牙套的合成材料最早是由美国航天局研制出来的,而研制它的目的是制造热能追踪导弹。

卫星中的"间谍"

　　小朋友们，你们听说过"间谍"卫星吗？你们知道它是用来做什么的吗？

　　"间谍"卫星是专门为获取军事情报所制造的，又叫作"侦察"卫星。"间谍"卫星的主要任务是在轨道上进行跟踪、监视和侦察。无论目标是在空中、海洋还是陆地上，都逃不过"间谍"卫星的侦察。

　　"间谍"卫星会将所侦察到的大量信息存储起来，然后传送到地面，经过地面研究人员的处理和加工，可以获得有用的军事信息。

"间谍"卫星的信息获取相当精准，甚至可以清晰获取地面汽车的车牌号码。当然，"间谍"卫星信息获取的最高精确度现在还属于高级机密，有关部门是不会轻易向外界透露的。

"间谍"卫星中有一种叫作导弹预警卫星。这种卫星在导弹击中目标前就能够侦察到并发出预警，这样就可以及时发射反弹道导弹对敌方导弹进行拦截，同时人们得以提前进入防空洞。小朋友们可能会有疑问，导

弹飞行速度那么快,人们怎么可能有时间躲开呢?其实洲际导弹在发射后,从发射地点到目标地点需要30分钟才能到达。因此导弹预警卫星的作用就是提醒人们在30分钟内做出反应。

目前科学家们正在研究制造一种新型导弹预测卫星,它可以像眼睛一样凝视着整个地球。无论地球哪一个地区发射导弹,都逃不过它的眼睛。这种新型的导弹预警卫星还可以计算出导弹运行的轨迹,这样就可以方便反弹道导弹的拦截。这种新型导弹预测卫星将会为世界各地区提供良好的防卫预警。

太阳也戴了帽子吗?

小朋友们，你们知道什么是日冕吗? 日冕和太阳有什么关系呢?

现在就让我们一起去探索这其中的奥秘吧!

日冕是太阳的最外层，厚度足足有几百万千米，温度可达200万

摄氏度。太阳的大气层从内而外可分为

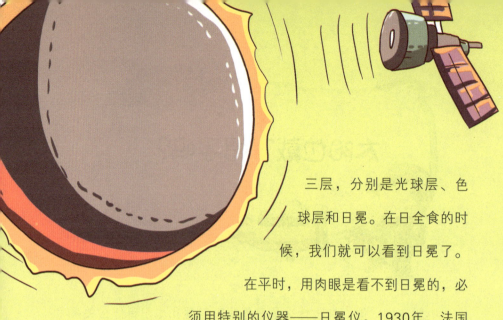

三层，分别是光球层、色球层和日冕。在日全食的时候，我们就可以看到日冕了。在平时，用肉眼是看不到日冕的，必须用特别的仪器——日冕仪。1930年，法国天文学家贝尔纳·费迪南·李奥发明了第一架日冕仪，在正常的阳光下对太阳表面进行了观察，人们就发现了日冕的存在。

日冕所产生的光辉很少，是月球反射的太阳光辉的一半。然而就是这很少的光辉，使得日食时世界不会完全陷入黑暗。"冕"就是帽子的意思。在发生日食时，太阳外层所剩的光辉会像帽子一样盖着太阳周围，所以我们称之为"日冕"。

根据太阳活动大小的变化，日冕的形状也会产生变化，所以我们可以通过对日冕的观察来判断太阳活动的情况。日冕接近圆形时，说明太阳活动大，而日冕的形状相对比较扁时，太阳的活动就相对较小。随着科学技术的高速发展，人们可以通过火箭或空间站对日冕进行观测，这样也可以收集到更多的日冕信息。

小朋友们，你们知道太阳风是什么吗？太阳风可不是我们平时的风，它并不是由气体分子构成，而是由更小的物质构成的，这些物质叫质子和电子。因为质子和电子流动时所产生的效应与空气流动十分相似，所以被称为太阳风。太阳风强烈爆发时可以影响到远在1.5亿千米外的地球上的通讯信号。

在发明日冕仪以前，人们只能在日全食时观测到日冕。因为它的亮度仅为太阳内部光球的百万分之一左右，相当于满月的亮度，在平时，地面上大气的散射光和观测仪器的散射光，会大大超过日冕本身的亮度而将它淹没。日全食时太阳光球被月球遮住，大气和仪器的散射光随之减弱，这样就能很方便地观测到日冕。尽管日全食发生的机会不多，可一旦发生，天文工作者仍很努力地把仪器装备运到可以观看到日全食的地点从事观测。

在科研过程中，科学家发现了一个很有趣的现象：离太阳中心最近的光球层温度只有几千摄氏度，色球层的温度为上万摄氏度到几万摄氏度，而距离太阳中心最远的日冕层温度竟然高达百万摄氏度。对于这一反常现象科学家至今未做出合理的解释。

日冕的辐射波范围很大，有一部分直接穿透地球的大气层，所以我们也可以直接用天文望远镜对其作常规观测。

奇妙的宇宙现象

随着航天技术的发展，人们对宇宙的探索越来越深入，科学家们发现在宇宙中时时刻刻都会出现各种各样的奇妙现象。现在就让我们一起来看看这些奇妙的宇宙现象吧！

黑洞：这是一种引

力极强的天体。之所以被称为黑洞，是因为它看上去只有一个黑黑的无底洞。它的引力实在太强，连光都会被它吸收。无论任何物质，一旦落入黑洞，从目前的科学角度来说，是无法逃出的。2011年12月，科学家们用天文望远镜观测到了银河系中央出现一个黑洞并吞噬星云的过程。

相互吞食的行星：美国天文学家发现，两颗进入晚年的恒星在彼此靠得很近时会相互围绕对方运动。在这个时候，由于引力大小不同的关系，较大的恒星会将另一颗恒星的外层物质吸引到自己身上。这样一来，较大的行星就会越来越大，而较小的则会越来越小，直到消失。

类星体：类星体是科学家们目前所能观察到的最远的天体，它们和地球的距离达到100亿光年。之所以隔了这么遥远的距离还可以观测到，是因为类星体以光和各种射线、电波的形式释放出超强的能量，科学家通过观测这些能量计算出了它们与地球的距离。类星体的体积虽然非常小，但是它们的亮度却可以达到其他星系的1000倍，它们是宇宙中

最亮的天体。科学家们推测表明，类星体可能是遥远星系中心的怪异黑洞，它们吸收了大量的光和其他物质，因而具备了超强的能量。

这一系列的宇宙现象到目前都没有办法得到科学的解释。这也说明了一个问题：目前人类对宇宙的研究还太浅，大部分研究甚至只处在推论阶段。宇宙实在是太深奥了，人们还需要花很长时间去了解它，因此才会有大量的科学家去不断地对宇宙进行探索。

伟大的物理学家和天文学家霍金教授曾经说过："人类有望理解世界是怎样运行的，而且我们还能通过观察现实世界来做到这一点。"虽然现在的科学技术无法给这些奇特的宇宙现象以解释，但是相信随着科技的发展，总有一天我们会看清宇宙的真面目！

航天飞机和普通飞机有什么不同?

小朋友们，你们坐过飞机吗？你们知道什么是航天飞机吗？航天飞机和普通的飞机有哪些区别呢？现在就让我们一起来了解一下吧！

航天飞机又叫太空梭和太空穿梭机，它是可以往返于太空和地面并且能重复使用的航天器。航天飞机同时具有飞机和航天器的性质，

所以它既可以像运载火箭那样把人造卫星送入太空，又能够像载人飞船一样载着航天员在太空飞行，还能像普通飞机那样在天空滑翔。航天飞机的产生为人类自由进入太空提供了便利，它是航天技术步入成熟阶段的重要标志。

20世纪二三十年代，奥地利著名的科学家森格尔首次提出了用火箭的发动机来推动飞机飞行的设想，之后还多次绘制草图并进行小规模的实验。1939年6月15日，德国一位普通飞机设计师恩斯特·亨克制造的小型火箭推力飞机试飞成功。1943年，在德国出现了Me－163，这是世界上第一架火箭推力战斗机。二战期间，德国曾提出过给火箭添加机翼的猜想。而在1949年，我国著名学者钱学森也提出用火箭推动洲际滑翔机的猜想。

20世纪50年代以后，大量航天器出现。科学家们为了实现自己的梦想，频繁发射航天器。而运载火箭在将航天器送入轨道后就会坠

毁，运载火箭的造价又十分高昂，这样的耗资为科研、经济带来了很大的压力。为此部分发达国家对航天器的反复利用进行了探索和研究，美国则一直处于领先地位。

1958年，美国制造出三角翼的动力滑翔机——"戴纳－索尔"。"戴纳－索尔"的推动火箭就是著名的"大力神"运载火箭。实验获得成功后，1963年开始了航天飞机方案的分析。1972年，航天飞机的科研计划得到了批准。

美国国家航空航天局为此计划制造了航天实验样机——"企业号"，在20世纪70年代末进行了多次实验，积累了大量经验。拥有一定的基础后，美国制造出了世界上第一架航天飞机——"哥伦比亚号"，并于1981年4月12日首次试飞成功。

1982年11月11日，美国用航天飞机进行商业性飞行，之后航天飞机便开始协助携带别国空间实验室进入轨道，并完成大量科研项目，还曾协助维修发生故障的"太阳活动峰年"探测卫星，将之修好后重新用遥控机械臂施放入轨。1984年11月，"发现"号航天飞机在太空中成功地施放了两颗卫星，之后又回收了两颗废弃卫星，第一次完成了航天飞机的双向运载任务。此后航天飞机还进行了大量实验，如：空间材料加工实验、医学和生物实验、卫星的释放和捕获，以及多次卫星修理和载人机动装置等实验。

1988年11月15日，苏联的第一架航天飞机"暴风雪号"完成了首次近地轨道空间飞行。不过由于航天飞机的科研耗资很大，当时苏联又陷入了解体危机，经济上已无法承担，只好放弃了进一步的研究。

小朋友们知道航天飞机与普通飞机的不同之处了吗？

作为可以重复使用的航天器，航天飞机可以说是飞船、飞机和火箭的完美结合，它同时拥有

这三者的优点：它既可以垂直起飞，又可以环绕飞行，同时还能够滑翔着陆。到目前为止，航天飞机是世界上唯一可重复使用的航天运载器。

小朋友们，你们知道航天飞机主要用来做什么吗？

航天飞机的用途是很广泛的，它可以用来完成空间站的交会、停靠、对接，进行空间科学实验，也可以用来发射回收或检修卫星。国际通信卫星6号在未能成功进入轨道的情况下，就是借助了航天飞机的帮助和修理才进入同步轨道。此外，它还曾多次修理哈勃望远镜。航天飞机通常可乘坐7人，一般来说飞行时间不到两周，特殊情况下可以飞行28天。

现在航天飞机的作用主要是向国际空间站运送设备，还可以为宇航员们补充给养。

你知道吗?

普列谢茨克基地

普列谢茨克基地于1957年修建，位于俄罗斯阿尔汉格尔斯克地区，是世界上发射卫星最多的发射场，发射次数占全世界发射总数一半以上。

滑翔机之父

奥托·李林塔尔最早设计和制造出实用的滑翔机，被人们称为"滑翔机之父"。1896年，他在空中突遇大风，还没来得及调整重心便和飞机一同坠落到地面，享年48岁。

什么是"空间站"?

　　小朋友们,你们有没有想象过有一天自己可以在太空居住?随着航天技术的进步,人们不再满足于乘坐航天器在太空中作短暂停留,而是想在太空中建一个家,于是空间站出现了。

　　空间站,又称航天站、太空站、轨道站。它是能够在近地轨道上长期运行的载人航天器。不仅如此,多名航天员还可以在空间站进行

巡访甚至长期工作和生活。空间站分为两种：单一式，由航天器一次发射入轨；组合式，由航天器分次送入轨道，然后在太空进行组装。

在空间站上可以进行多项科学研究，如空间科学研究、对地观测、天文观测、医学和生物学实验等。

苏联是第一个发射空间站的国家，此后陆续有不同国家进行了空间站的发射。目前人类已经成功发射9个空间站。

也许你要问了，那我们国家有没有空间站呢？2011年9月29日，中国第一个目标飞行器和空间实验室——"天空一号"发射升空，标志着中国已经拥有建立初步空间站，即短期无人照料的空间站的能力。

空间站的好处在于它的资源消耗少，可以节省大量的资金。如果在空间站中进行实验，那么载人飞船就只需要完成运输宇航员的工作，这样一来，载人飞船就纯粹是运输工具了，其内部结构就可以

简化，而且所需要的研究

物品也可以相应减少。这样可以减

少巨额的航天费用，并降低工程难度。只要

宇航员设定相应的程序，空间站就是在不载人时也可

以完成观测和研究。所以，空间站是非常实用的太空科研地点。

你知道吗？

库鲁发射场

库鲁发射场于1971年建成，位于南美洲北部法属圭亚那中部的库鲁地区。它是法国唯一的航天器发射场所，目前是欧洲太空局开展航天活动的主要场所。

圣马科发射场

圣马科发射场1967年正式启用，位于肯尼亚福莫萨湾离海岸约5千米的海上。它是世界上唯一能够在海上发射航天器的场所，美国曾多次用其发射小型航天器。

人类为什么要建造空间站？

小朋友们，你们知道人类为什么要建造空间站吗？

现在人类已经不满足于短暂的太空飞行，而是要进行长期的太空研究，并实现对宇宙空间的开发。

在空间站里，科学家可以进行大量的太空实验，也可以修理和维护各种航天器。人们还可以把空间站作为通往其他星球的过渡站，就

像太空驿站一样，所以空间站的建造将会很大程度上方便科学家对宇宙空间的研究与探测。

那空间站与其他航天器相比有什么突出价值呢？

在对地球地表进行观测时，空间站里的研究人员控制仪器监测会比卫星的遥感测控效果好很多。比如地球的某一个方位即将发生地震、火山喷发或海啸，航天员可以即时监测到，掌握第一手信息，并且及时向地面反馈。从军事上来说，未来的空间站可以作为绝好的导弹拦截基地，甚至可以作为人工间谍卫星和太空炮艇。另外，在地球资源紧张的情况下，空间站还可以用来开发太空新能源，一旦开发成功，将会大大缓解地球上资源短缺带来的压力。

目前我国的航天事业已得到了长足的发展，为了更好地开发宇宙空间和太空资源，我国也正在筹划建造空间站。

太空站可以逐渐发展为太空城、太空旅游站甚至太空医院和太空电影院等。或许不久的将来，人类就可以通过空间站建立太空堡垒，也就是人类永久的太空居住区。在科学家们的努力下，未来人类向太空移民将不再是童话。

在太空中怎样生活？

太空是个神奇的地方，它对我们来说充满了魅力。太空与地球不同，它既没有重力，也没有空气。你们可能会有疑问，那宇航员们是怎么在太空中生活的呢？

飞船绕地球飞行时，日出和日落是由航天器绕地球飞行一圈决定的。这样一来，在一天当中很可能白天和黑夜会交替出现好几次。因此宇航员们无法根据白天黑夜来调整作息时间，他们只有通过固定的钟点来安排作息。在睡觉方式上，由于地球引力的缘故，我们平时躺

在床上或地上睡觉。可是太空中是没有重力的，所以宇航员可以直接飘浮在空间中睡觉，也可以把自己绑起来睡觉。不过如果选择飘浮在空中睡觉，他们在醒来的一瞬间会极不习惯，甚至手忙脚乱。为了避免这种情况，宇航员们一般会选择先把自己固定住再睡觉，比如睡在挂在墙上的睡袋里。

现在我们再来看看宇航员是如何吃饭的。以前在太空中是无法像在地球上那样吃饭的，因为在那里食物会飘浮起来，飘得到处都是，根本无法入口，这同样是没有重力的缘故。因此早期宇航员在太空中的饮食并没有现在这样丰盛。为了避免食物飘浮，他们只有选择将营养品制成牙膏状，从牙膏盒中一点儿一点儿挤出来吃。

现在当然不同了，有专门的营养师为宇航员们调配用餐，一天通常4顿饭，而且一周之内食谱都不会重复。在太空中，宇航员们可以吃到土豆烧牛肉、奶油面包、香肠馅饼、金枪鱼沙拉、豆豉肉汤，甚至还有零食，如饼干、巧克力、果脯、酸奶、果汁等。

太空食品都属于脱水食品，吃的时候放入碗形的容器中，然后通过注射器注入一定量的水，送入烤箱加热食用。这些食品都是装在塑料袋里的，每个塑料袋都装有不同种类的食品。有用餐需要时，一个宇航员只需要取出一个塑料袋即可。他们按照规定的步骤，只需要半小时就可以将食品做好。宇航员们在吃饭时要特别注意，不能说话，因为一说话嘴里的食物就会飘出去，如果飘得到处都是，就会有将食物吸入肺中的危险。

在太空中遥望地球对宇航员来说可真是一大乐趣。远远看去，地球仿佛就是一个蓝色的球体，蓝莹莹的，十分漂亮。在太空中甚至可以分辨出地表的状态，比如沙漠，地表看上去就如同木星的表面一般；而地球上最高的喜马拉雅山，也可以被直接辨认出来。

第一个飞进宇宙的女性

1963年6月16日，苏联发射了"东方6号"航天飞船，驾驶该飞船的瓦莲金娜·捷列什科娃由此成为世界上第一个飞进宇宙的女性。她一共飞行了70小时40分钟49秒，绕地48圈。

第一个进入太空的中国宇航员

2003年10月15日，我国第一艘载人飞船"神舟五号"成功发射，中国宇航员杨利伟登上太空。

太空垃圾有哪些危害？

在我们的生活中到处都可以看到垃圾，可是你知道太空垃圾是什么吗？

简单来说，太空垃圾就是人类在对宇宙的探索和研究过程中，有意无意遗留在宇宙中的废弃物，比如飞行器的残骸。

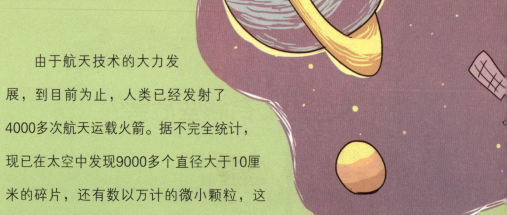

　　由于航天技术的大力发展，到目前为止，人类已经发射了4000多次航天运载火箭。据不完全统计，现已在太空中发现9000多个直径大于10厘米的碎片，还有数以万计的微小颗粒，这些都属于太空垃圾。

　　这些太空垃圾虽然看上去渺小，但是绝对不容小视。它们在太空中的飞行速度极快，因此每一颗都有巨大的杀伤力。一块仅仅10克重的太空垃圾，在急速飞行时倘若与卫星相撞，能够瞬间将卫星打穿甚至击毁。

　　最严重的就是"雪崩效应"。一个太空垃圾和卫星相撞的可能性虽然很小，但是万一相撞了，被毁的卫星又会产生无数的太空垃圾。这样不但处理起来相当麻烦，而且造成的后果不堪设想。

　　目前我们还无法控制太空垃圾的运行轨

　　道，这些太空垃圾很有可能随意变线，甚至"刹车"。在无法控制的情况下，太空垃圾极可能造成事故，危害航天器和宇航员的安全。

　　世界航天史上就曾出现多次因太空垃圾造成的悲剧。1983年，美国航天飞机"挑战者号"就是因为与一块直径0.2毫米的涂料剥离物相撞，导致航天器舷窗被损坏，只好停止飞行；苏联也曾经出现过此类情况，"礼炮7号"轨道站就多次被太空垃圾损坏；1986年，"阿丽亚娜号"火箭进入轨道之后不久便爆炸，爆炸之后的碎片和残骸又成为新的太空垃圾，这些新的太空垃圾又击毁了两颗日本通信卫星。

　　小朋友，太空垃圾的危害再次警示我们：要减少垃圾，更好地保护我们的生活环境！

航空模型

航空模型是各种航空器模型的总称,既可以指航天器模型,也可以指普通飞机模型。航空模型的出现引起了人们的兴趣,许多人因为喜欢上航空模型,而对航空方向的专业感兴趣。

飞机模型

飞机模型属于航空模型,是以飞机的实际尺寸按一定比例制作的模型。飞机模型已经投放玩具市场,成为一种通过遥控等方式控制飞行的玩具。

卫星是怎样发射的？

　　人造地球卫星简称人造卫星，是指能绕地球飞行并在空间轨道运行至少一圈以上的无人航天器。

　　目前人造卫星是用途最广的航天器，也是发射次数最多的航天器，它给科研带来了巨大的帮助。从用途上，我们可以将人造卫星分为技术实验卫星、科学卫星和应用卫星。技术实验卫星是用来进行空间原理性和工程性实验的卫星；科学卫星是用来做科研和探索用的卫星；应用卫星则是直接用来完成国家军事和经济项目的卫星。其中应

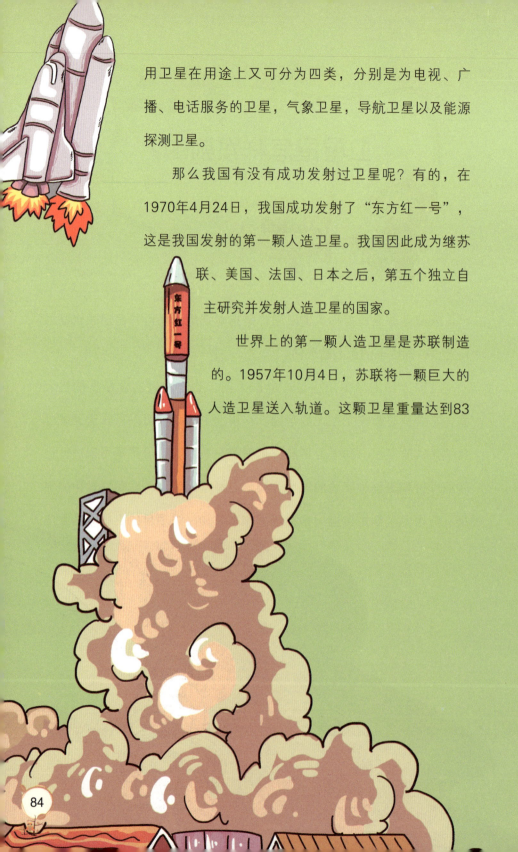

用卫星在用途上又可分为四类，分别是为电视、广播、电话服务的卫星，气象卫星，导航卫星以及能源探测卫星。

那么我国有没有成功发射过卫星呢？有的，在1970年4月24日，我国成功发射了"东方红一号"，这是我国发射的第一颗人造卫星。我国因此成为继苏联、美国、法国、日本之后，第五个独立自主研究并发射人造卫星的国家。

世界上的第一颗人造卫星是苏联制造的。1957年10月4日，苏联将一颗巨大的人造卫星送入轨道。这颗卫星重量达到83

千克，是美国在第二年

发射的世界上第二颗人造卫星的8倍。

卫星从开始发射到入轨，一般要经历三个阶段：

小朋友们，当你们站在起跑线上，准备就绪后裁判会举起发令枪说："预备，开始……"卫星发射也是一样，发射台就是卫星的起跑线，一切准备就绪后，卫星的运载火箭就会进入倒计时，地面的控制中心会发出指令："9、8、7、6、5、4、3、2、1——发射！"第一级火箭在收到指令后发动机开始点火，接着运载火箭慢慢脱离发射架上升，上升的同时会不断加速。这就是运载火箭的加速飞行阶段。

第一阶段，也就是卫星的"加速段"。卫星被第一级火箭推动，不断加速并穿过大气层，穿过大气层后，第一级火箭开始脱落，第二级火箭继续推动并加速。

第二阶段，即"惯性段"。卫星在第二级火箭脱落后，依靠惯性在太空中运行，当运行到与地表平行的相应轨道上时，程序会控制第三级火箭点火。

第三阶段，在第三级火箭的推动下，卫星在轨道中平稳运行，保持原计划的速度和方向。在这一阶段，卫星会在计划地点被弹出，脱离火箭自主运行。

1970年4月24日21时35分，我国第一颗人造卫星"东方红一号"发射升空，21时48分进入预定轨道，卫星在轨道上成功平稳运行后，在21时50分用20.009兆赫兹的频率向全世界播送了《东方红》乐曲。"东方红一号"的成功发射标志着我国航天事业取得了巨大的突破。

你知道吗？

惯性

小朋友们，为什么球被踢了就会向前滚动呢？这是因为惯性。一切物体皆有惯性，惯性使得物体能够保持原有静止或运动状态。

卫星回收

卫星回收是一个卫星减速和下降的过程，在接近地面时的速度仅为每秒几十米甚至几米。在这一段距离中，地面的遥控站会不断计算并控制，否则卫星很有可能无法进入大气层，甚至可能坠毁。

飞机为什么要装"红绿灯"?

小朋友，在马路的十字路口我们会看到红绿灯，红灯的时候我们需要等上一段时间，绿灯的时候就可以过马路了。天上的飞机会不会也有红绿灯呢？

飞机在天空中飞行时，虽然障碍物很少，但是由于飞行速度太快，就算是一只小鸟撞上来也会带来极大的危害，更不用说飞机与飞

机相撞了。所以飞机的驾驶员要不时注意左右，看是否有其他飞机飞行，避免造成事故。

为了对飞机导航，科学家们在飞机上装了"红绿灯"。不过这个红绿灯可不是给路上的行人看的，而是给在空中飞行的其他飞机看的。每架飞机都有三盏灯，分别装在机翼和机腹上。其中左翼装的是红灯，右翼则是绿灯，机尾装一盏白灯，机腹则是夜航用的红色和白色的闪光灯。在特定的区域可以看到这些灯光信号，飞行员通过这些信号来判断本机和附近飞机的位置。不同的灯的含义是不一样的：如果看到的是红灯，说明你所乘坐的飞机在另一架同高度飞机的左侧，绿灯说明在右侧。如果红绿白都亮着，那么你乘坐的飞机正处于另一驾飞机的下方。如果三盏灯中白灯不亮，而红绿灯亮着，说明你乘坐的飞机正处在另一驾飞机的上方。这里的上方和下方并不是指正上方

和正下方，而是指飞行高度的差异。比如你看到前方一架飞机亮着红绿灯，那就说明你所乘坐的飞机的高度在它之上。

然而，在特殊天气里光靠航行灯就不够了。例如在有雾的天气，飞行员就必须借助雷达发出的无线电波来判断本机和其他飞机的方位、距离，以避免撞机事故的发生。

小朋友们现在知道了吧，"红绿灯"就是飞机的航行灯，它可以让其他飞机的飞行员判断本机的飞行状态，避免发生碰撞。

你知道吗？

航空

人类利用飞行器在地球大气层中从事飞行及有关的活动，活动的范围主要限于离地面30千米的大气层内。也就是说，航空活动并没有脱离地球。

航天

航天器在太空的航行活动也叫作空间飞行或宇宙航行。航天活动包括环绕地球运行、飞往月球或其他星球的航行、行星际空间的航行及飞出太阳系的航行。

直升机为什么能飞行?

说起达·芬奇这个名字，大家肯定都熟悉，他是世界上最著名的画家之一。可是你们知道吗，达·芬奇还是伟大的物理学家，他是第一个提出直升机设想并绘制草图的人。他早在公元16世纪就已经描绘出用螺旋桨运作的类似现代直升机的飞行器，但是直到20世纪的1939年，世界上第一台直升机才制作出来，比达·芬奇的猜想整整晚了四百年。

现代直升机主要由机体和三大系统——升力、动力、传动系统组成，还包括了其他的机载飞行设备。现代直升机的最大时速通常可达每小时300千米以上，在俯冲时速度可达每小时400千米，一般直升机

的航程可达600~800千米。不同类型的直升机起

飞重量也有所不同。目前起飞重量最大的是俄罗斯的米-26，它的

最大起飞重量达56吨。

  直升机和普通的飞机相比有许多优点，直升机可以做低空飞行，

还可以做低速飞行甚至在空中悬停，这是普通飞机绝对办不到的。直

升机即使在很小的场地也可以起飞和降落，而普通飞机却需要很长的

起飞跑道。

  目前在民用方面，直升机主要被用作医疗救护、短途运输、后勤

支援、救灾救生、吊装设备、护林灭火、紧急营救、空中摄影和地质勘探等，现在的海上油井与基地间的人员及物资运输主要也是靠直升机来完成。军用方面更是应用广泛，如侦察巡逻、武器运送、对地攻击、机降登陆、战场救护、反潜扫雷、指挥控制、电子对抗和通信联络等，都要依靠直升机来完成。

小朋友们一定很好奇，直升机为什么可以垂直起降？

其实这主要是因为直升机顶上的旋翼作用。根据作用力反作用力的原理，当旋翼旋转的时候会产生一个向上的力，借助这个力，可以克服重力的作用而使直升机飞离地面。

当你们看到直升机后尾侧翼时，可能也会问，为什么直升机除了顶翼外还要有个后尾侧翼呢？

其实道理很简单，前面说到，飞机在离地时顶翼的转动可产生升

力，这是由作用力反作用力原理得到的。根据同样的原理，顶翼转动在产生升力的同时也会产生一个扭力，在扭力的作用下，飞机会跟着转动起来。为了克服扭力，科学家就在直升机的尾部加了一个后尾侧翼，后尾侧翼的旋转就可以用来平衡扭力。另外有种大型的直升机，它有两个上顶翼，两个顶翼同时向相反方向旋转可以相互抵消扭力，因此就不需要后尾侧翼了。不过为了产生向前的力辅助直升机飞行，直升机会向前倾斜。这个倾斜的力通常不会很大，所以大部分直升机的速度都不快。

直升机凭借着许多其他飞行器所没有的优势，得到了广泛的应用。目前对直升机的需求越来越大，世界上直升机的队伍也在逐渐壮大。

"黑匣子" 里的秘密

　　小朋友，你们听说过飞机的"黑匣子"吗？什么是"黑匣子"？它有什么作用？接下来就让我们一起去寻找这些问题的答案吧！

　　听到这个名字，你们一定认为"黑匣子"就是黑色的，而事实上它却是橙红色的。它的作用是让人们了解到飞行事故之前一段时间内飞机上发生的事情，帮助人们破解飞行事故的秘密。

　　电视和报纸上常常会有关于空难的消息，空难发生后人们要寻找幸存者和打捞遇难者尸体，同时专业人员还会去打捞一个仪器——"黑匣子"，因为只有"黑匣子"才能破解飞机失事的秘密。

黑匣子

　　"黑匣子"是什么形状？由什么构成呢？

　　每架飞机上都有两个"黑匣子"，"黑匣子"的形状呈长方体，外部极为坚硬，有差不多四块砖头大小。"黑匣子"相当于一台发送和接收信号的仪器，它的内部全部是电气元件。"黑匣子"会在飞机飞行时不断发送和接收信号并进行记录。倘若飞机失事，"黑匣子"会立马向四周发出紧急信号进行求救，不断跳动的无线电信号可以提示失事飞机的所在方位，便于地面上的搜救者寻找。在1974年，曾经有一架波音飞机坠入了3000多米的海底，人们就是通过无线电信号找到了"黑匣子"。不过"黑匣子"的电量是有限的，只能维持一个多月，如果打捞不及时，一个多月后"黑匣子"里的电将会耗尽，人们就无法借助它破解飞机失事的秘密了。

　　"黑匣子"只是一种简称，它的全名叫作"飞行数据记录仪"和

"机舱话音记录器"。"飞行数据记录仪"主要用来记录飞机的飞行数据，也就是飞机在飞行过程中的飞行速度、飞行姿态、飞行轨迹和作用在飞机上的各种外在作用力。它的容量很大，可以保留飞机20个小时的飞行状态，超出20小时，数据会自动更新，以新数据覆盖之前的数据。飞机如果不幸失事，"黑匣子"能够提供的线索往往就是最后20个小时的数据。

"机舱话音记录器"主要用来记录机组人员和地面人员之间的通话以及机组人员之间的通话，还会记录驾驶舱内的一切声响。它类似一台录音机，不同的是"机舱话音记录器"只记录最后半小时的情况。飞机在整个飞行中的一切信息都瞒不过"黑匣子"，即使飞机完全坠毁，"黑匣子"也能够完好地保存。到目前为止，世界上所有空难之谜的破解都有"黑匣子"的功劳。

"宇宙速度"有多快?

    离开地球,去探索浩瀚无垠的宇宙,一直以来都是人们的梦想。只可惜引力的作怪导致人类被牢牢地禁锢在地表。我们的祖先经过了无数次的探索,终于总结出来克服万有引力的方法。现在,就让我们一起来了解一下吧!

    经过不断地研究和实验,人们发现高速运动可以克服引力。那么这个速度究竟要多快呢?科学家们把航天器环绕地球、飞出地球和飞

出太阳系的最小速度进行统计，分别对应地归纳出了第一宇宙速度、第二宇宙速度和第三宇宙速度。

第一宇宙速度：航天器在地表周围运动时所必须具备的速度，只有满足了这个速度，航天器才能围绕地表做圆周运动。因此，第一宇宙速度又被称为环绕速度。

第二宇宙速度：当航天器做绕地圆周运动时达到一定的速度，就会渐渐脱离地心引力，开始绕太阳飞行，这个速度

就是第二宇宙速度，又被称为脱离速度。目前，经过力学理论和公式的计算，第二宇宙速度为每秒11.2千米。

第三宇宙速度：航天器从地球表面出发，为摆脱太阳系引力场的束缚，冲出太阳系所需的最小速度就叫作第三宇宙速度。用力学理论计算出的第三宇宙速度为每秒16.7千米。但这只是航天器飞行方向和地球公转方向一致时的速度，如果方向不同，那就需要更快的速度才能飞出太阳系。目前只有火箭才能突破第三宇宙速度。

随着科学技术的发展，人们已经不满足于只了解三大宇宙速度，科学家们开始了对第四宇宙速度的猜想。如能达到第四宇宙速度，宇宙飞船将不再受到银河系引力的影响，直接飞出银河系。通过科学家们的不断探索，第四宇宙速度一定会在不久的将来实现，说不定哪一天人类就可以走出银河系了。

什么飞机既能航空又能航天？

随着科学技术的发展，人们制造出了一种新型航天器，这种航天器既能航空又能航天，被称为空天飞机，也就是航空航天飞机的简称。它既能在大气层里飞行，又能在太空中飞行。空天飞机的诞生为人类的航天飞行和研究带来了很大的帮助。

空天飞机在大气层内飞行时，和普通飞机没什么两样。而在继续加速的情况下，它能够直接进入地球轨道，变成航天飞机在太空中遨游。返回的时候空天飞机又可以像普通飞机一样在地表降落。所以说，空天飞机是当之无愧的自由往返于天地之间的全新航天器。

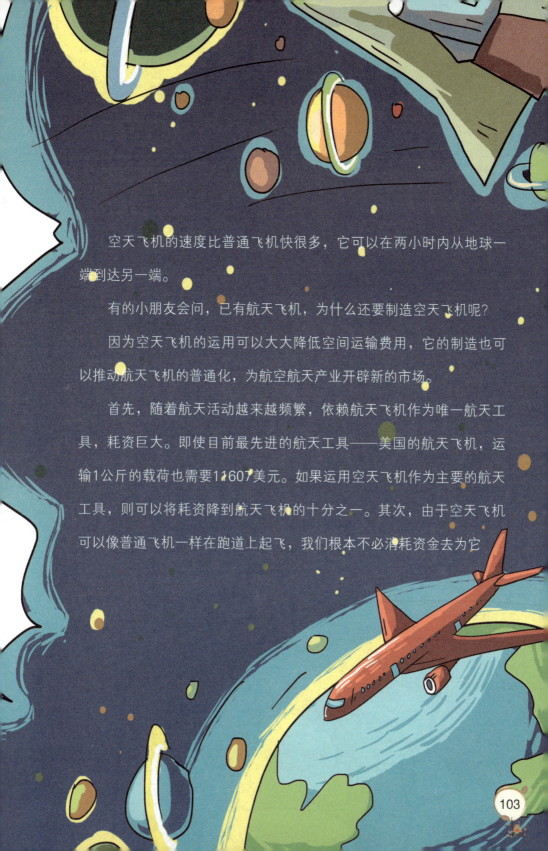

空天飞机的速度比普通飞机快很多，它可以在两小时内从地球一端到达另一端。

有的小朋友会问，已有航天飞机，为什么还要制造空天飞机呢？

因为空天飞机的运用可以大大降低空间运输费用，它的制造也可以推动航天飞机的普通化，为航空航天产业开辟新的市场。

首先，随着航天活动越来越频繁，依赖航天飞机作为唯一航天工具，耗资巨大。即使目前最先进的航天工具——美国的航天飞机，运输1公斤的载荷也需要11607美元。如果运用空天飞机作为主要的航天工具，则可以将耗资降到航天飞机的十分之一。其次，由于空天飞机可以像普通飞机一样在跑道上起飞，我们根本不必消耗资金去为它

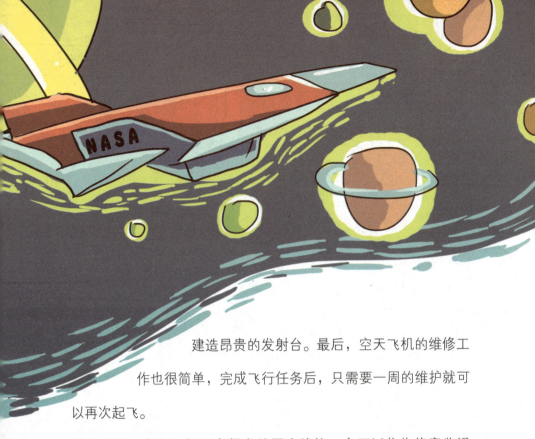

建造昂贵的发射台。最后，空天飞机的维修工作也很简单，完成飞行任务后，只需要一周的维护就可以再次起飞。

除此之外，空天飞机还有很高的军事价值，它可以作为侦察监视与预警平台，也可以作为空间武器的发射平台。

目前空天飞机在多个国家已经试飞成功，它的种种优势必将让它成为航空航天领域最受欢迎的新工具，并引领航空航天事业进入新时代！

在太空中种水稻？

小朋友，你们听说过"太空育种"吗？顾名思义，太空育种就是将农作物的种苗送往太空培育。太空的环境和地面环境有很大的不同，我们借助太空的特殊环境使地面的种苗发生变异。把变异的种苗带回地面，我们就可以获得一个新的品种了。

目前研究表明，太空育种所产生的种苗变异大多是有益变异，变异后的种苗一般具有早熟、高产、优质和抗病力强等特点。太空育种还有一大好处：种苗的变异速度很快，比在地球上杂交育种要快一倍。

已经有三个国家完成了卫星搭载太空育种，分别是美国、俄罗斯和中国。我国在1987年就已经完成了卫星搭载太空育种，当时的目的只是观察种苗在太空中的变化。

空种子？

自1987年以来我国进行了十多次卫星搭载太空育种实验，并获得了成功，有70多种不同的植物实现了太空育种，所培育的品种超过了1000种。比如，我们在太空中培育出了高质量的新型水稻，通过生产期的缩短，每年可以增产10％。这种新品种水稻的质量也较原品种高出不少，粒多、穗大，拥有很高的结实率，每一株水稻比原水稻的产量高出10％，可达到每公顷7500千克。除此之外，我们还培育出大豆、玉米、绿豆、豌豆、高粱等作物的优良新品种。

除了粮食作物，我国还陆续将树木等其他植物送上太空进行了尝试。其中福建、广西和甘肃的大量种植物参与了这方面的尝试。

目前我国在对太空育种的变异原因进行研究。单就理论而言，导致生物在太空中变异的原因是：太空环境和地面环境差异太大，生物

的染色体受到破坏，生物体就进行自我修复。在大量的修复过程中会出现错误，导致染色体发生改变，从而导致整个生物体的变化。

我国曾进行一次太空培育花卉的实验——将洛阳的牡丹、芍药送上了遥远的太空，并进行长期的观察。据观察发现，这些花的叶子边缘出现了金色的边线。据科学家解释，这是太空辐射的结果。

在太空中实验成功的种苗并不是一带回地球就能投入使用，而是必须经科学家对它们进行长达三年的观察和实验，确保无害后由有关部门颁发证书才可以推广使用。

太空中看到的地球是怎样的？

小朋友们，你们知道在太空中看到的地球是什么样子吗？据宇宙飞船从太空拍摄的地球照片和宇航员亲眼所见得知，太空中所见的地球竟是个蓝色的星体，为什么是蓝色的呢？

很久以前，我们的祖先曾一度认为自己生长在一块广阔无边的大地上。这种想法持续了很久，直到麦哲伦船队航海成功后，人们才发现地球居然是一个球体。但是受当时科学技术的限制，人们无法看清整个地球。人类不断地摸索，最终发明了航天器，并借助航天器飞上

了太空，从太空遥望地球。人们惊奇地发现：地球就像是一个蓝色与黄绿色相间的球体，被笼罩于薄纱般的大气中。

地球的总面积有5.1亿平方千米。据科学家探测发现，在这5.1亿平方千米中，海洋竟占了71％，是陆地面积的2.5倍。所以说海洋是当之无愧的地球的主体。而且海洋中水量蕴含巨大，达到地球总水量的96.5％。海洋在地球上的面积如此广阔，因此从太空看地球，就仿佛看到一个水球一样。

非常可惜的是，我们在地球上是看不到这一切的。太空中的宇航员们才可以看到这些美妙的景象。当他们飞上距离地面200千米的太空，所看到的地球就像我们平时所看到的地球仪一样。当然，像地球仪上的经线和纬线是看不到的。如果继续升高到距离地面400千米的空间站，宇航员们看到的景象就又不同了。此时看到的地球就像一个

巨大的地球仪在他们下方旋转。更奇妙的是，当阳光从不同角度照射到地球上时，地球上的海洋颜色随之发生变化。阴影下的海洋颜色很深，接近于黑色；当太阳照射的角度渐渐增大，海洋颜色也变得越来越明亮。

　　苏联的宇航员曾经发现，在不同季节里地球的样子也是不同的。随着季节的推移，地球上的绿色地带会不断延伸，而白色地带就会缩小。小朋友们知道这是为什么吗？其实很简单，白色的部分就是雪原，天气变热后，雪原的雪自然就融化了，这就是地球在不同的季节穿上不同的"服装"的原因。

气球与飞艇有什么联系？

提起气球，小朋友们可能会觉得它只是简单的玩具，而它却曾经是人们实现飞天梦想的重要工具，在整个人类航空史上留下了浓重的一笔。

18世纪初，巴西的一位神父——巴托洛穆发明了热气球模型。1783年，法国的一位造纸工人——约瑟夫·蒙特哥菲尔用亚麻布制作出一个直径达

到30米的巨型气球，往这个巨型气球中注入
热空气后，它上升到了1800米的高度，并飞行
了2千米的距离。后来人们发现往气球中注入氢气的效果远胜于注入热
空气，于是氢气球诞生了。1785年，一个充满氢气的气球成功跨越了
英吉利海峡。此后氢气球成为当时广泛使用的飞行器。

　　不过到目前为止，热气球飞行所能达到的极限高度只有16805米，

英吉利海峡

氢气球为34668米，飞行高度有限成为热气球的致命缺陷。另外，在风的作用下，气球的飞行方向极易受到影响，从而导致航行者陷入危险境地。于是人们对热气球进行改造以便于开展进一步的探索。

气球与飞艇有什么联系呢？飞艇就是在热气球的基础上增加了推动器而产生的。人们通过进一步的研究，发现只要在热气球上装三个发动机，就可以很有效地控制热气球的航向了。法国人吉法德在热气球的下方安装了一个带有螺旋桨的蒸汽机，这就形成了世界上第一艘飞艇。后来人们不断改善飞艇，将各种先进材料应用于飞艇，使得飞艇的载重量更大，质量更轻，使用寿命也更长。

由于飞机的出现，飞艇的登场机会已经越来越少。目前飞艇的作用主要体现在空中摄影、检测和运输上。在举办大型演出和比赛活动时，飞艇也能起到不小的作用。

目前飞艇制造最成功的还要数美国。美国制造的"美洲号"飞艇长58米，高18米，容积可达5742立方米，运用双发动机，其航速可达每小时80千米。我国的"浮空4号"飞艇时速可达70千米，较"美洲号"时速只相差10千米。如果未来的飞艇设计成扁平状，将大大减小空气阻力，提高飞行速度。

随着科学技术的不断发展以及新能源和新材料的成功开发，热气球和飞艇的缺陷将逐渐被弥补，终有一天，它们会重新焕发出新的活力。

太空望远镜能看多远?

小朋友们，你们知道什么是太空望远镜吗？

长久以来，人类用肉眼观察天体，距离带给我们极大的阻碍。在一代又一代人的智慧的推动下，望远镜诞生了，望远镜的出现拉近了人类与太空的距离。

1609年，意大利科学家伽利略制造出一架口径4.2厘米、长约12厘

米的望远镜用以进行天文观察，这标志着天文学从此进入望远镜时代。60年后，英国科学家牛顿创造出更新型的望远镜。在之后的时间里，很多科学家都尝试对望远镜进行改进，而每一次改进都带来令人惊喜的天文新发现，天文学也在此推动下大力发展起来。

太空望远镜又被称为光学望远镜，它是天文学家的重要观测工具。人们把光学原理运用到这个观测天文的仪器上，不仅将与太空的距离拉得很近，就连盲点也被降到最小。

目前世界上最好的太空望远镜就是著名的哈勃望远镜，它是以著名天文学家哈勃的名字来命名的。哈勃望远镜在地球上空飞行并捕捉大量信息。它的位置在地球的大气层之上，因此获得了地面望远镜所没有的好处——影像不会受到大气湍流的扰动，视相度绝佳，它在太空中所拍摄的照片的清晰度是地面天文望远镜的10倍以上。如果我们拥有一架哈勃望远镜，那么我们可以通过它看到1.6万千米外的一只萤

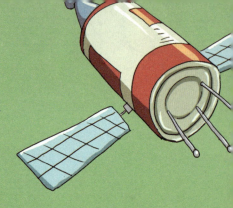

火虫。哈勃望远镜自1990年发射后，收集了大量的太空资料和图片，为科研带来了极大的帮助。

　　随着科技的发展，更加高级的太空望远镜相继出现。例如观测X光波段的钱德拉太空望远镜、观察γ射线波段的康普顿太空望远镜，以及观测红外波段的史匹哲太空望远镜等。

　　目前大部分太空望远镜都是由欧美国家发射的。小朋友们，你们要努力学习知识，长大后争取为我国航天事业的发展贡献自己的一份力量！

有趣的天体摄像

　　"一闪一闪亮晶晶，满天都是小星星，挂在天空放光明，好像许多小眼睛。"这首儿歌旋律轻快，俏皮可爱，小朋友们一定很喜欢。闭上眼睛，想象一下，深沉寂静的夜空，满是璀璨夺目的星星，多美的画面呀！可是小朋友们有没有觉得很遗憾，这些美丽的星星离我们那么遥远，人的眼睛所能看到那么有限，一颗星星仿佛只能发出一点微弱的星光。那小朋友们有没有想过利用现代科技，我们可以和遥远的星星近距离接触。这项技术就是——天体照相术。

绘制一张月面图，详细又全面地记录月球表面的地形地貌等信息，一直是科学家的理想。可是在20世纪60年代之前，航天技术还不像今天这么发达，人造的飞行器根本没有能力到达月球轨道，更不用说完成一圈又一圈的绕月运动。在这种技术条件下，根本无法用飞行器完成对月球表面的拍摄。怎样才能获得一张月球的清晰照呢？人类的智慧是无穷无尽的。这件事的完成得归功于一对师生，他们是德国人，学生叫比尔，老师叫梅德勒。他们都是狂热的天文爱好者，共同的梦想就是为月球照一张清晰的照片。他们不仅仅是想想而已，而是付诸了行动。比尔建造了一个私人天文台，并请人制作了一架天文望远镜，和梅德勒一起开始了对火星表面的绘制。火星表面绘制完成后，他们又开始了漫长的月面图绘制。

　　他们的天文台条件很简陋，这让他
们的研究困难重重，但却不能阻止他们天文探索的步
伐。经过长达10年坚持不懈的努力，他们终于绘制出了一张月面图。
之后，比尔和梅德勒出版了一本叫《月球》的书，书中介绍了这10年
来他们所看到的月球的每一个细节，把他们的探索所得与全世界的人分
享。当人类终于可以通过卫星完成天体摄像时，惊奇地发现，比尔和梅
德勒所绘制的这张月面图完全可以同今天天体摄像后绘制的月面图相媲
美。不仅如此，他们二人还测量了月球山脉所投下
的影子的长度，并以此计算出月球山脉的高度，得
到的结果和现在计算得出的结果差异极小。

　　多么神奇的天体照相术啊！

你知道吗？

中国首位女航天员

2012年6月，神舟九号飞船搭载着3名中国宇航员成功发射升空。刘洋被定为"神九"首选女航天员，与景海鹏、刘旺搭档，执行载人交会对接任务。

航天员的健康状况

长期在空间站生活，对航天员的健康会产生不利影响，人体处于失重状态，会引发各种疾病，如心血管功能减退、肌肉萎缩、骨质缺乏矿物质、免疫系统功能紊乱等。